花样玫瑰茄

带你领略玫瑰茄的味道

赵艳红 侯文焕 廖小芳
唐兴富 李初英 洪建基 ◎ 著

严定超 陆星宇 ◎ 摄影

中国农业出版社
北 京

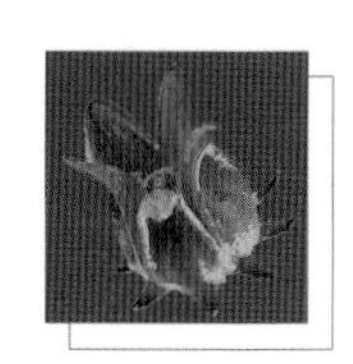

前言 FOREWORD

玫瑰茄（*Hibiscus sabdariffa* L.）是锦葵科（Malvaceae）木槿属（*Hibiscus*）一年生草本植物，起源于非洲，广泛种植于全球的热带和亚热带地区。1910年传入我国台湾，目前广西、广东、福建、云南等地已有大面积的种植栽培。

玫瑰茄喜温、光，忌早霜，适合我国华南、东南和西南部分地区栽培。因受玫瑰茄种植区域的限制，我国开展玫瑰茄研究的单位很少，玫瑰茄育种和栽培技术相对滞后，玫瑰茄在我国100多年栽培历史中，仅公开报道育成H190和锦葵1号两个玫瑰茄品种。近10年来，尚未有玫瑰茄新品种鉴定登记的有关报道。广西壮族自治区农业科学院经济作物研究所从2014年开始玫瑰茄研究，育成玫瑰茄稳定品系9个，研发的玫瑰茄高产栽培技术“一种玫瑰茄一年两熟的栽培方法”和“一种玫瑰茄一年两收的栽培方法”均获得国家发明专利授权。

玫瑰茄为食用型玫瑰麻，其肉质化花萼具有丰富的营养价值、药用价值和保健功能。玫瑰茄花萼中的花青素属于天然色素，含量高达2%，我国卫生部〔86〕防字66号文和国家标准《食品安全国家标准食品添加剂使用标准》

（GB 2760—2014）均允许玫瑰茄色素作为可食用的天然色素，在饮料、糖果、配制酒等食品上不受限制使用，同时玫瑰茄已列入国家卫生健康委员会公布的可用于保健食品的物品名单。

玫瑰茄花萼富含可溶性玫瑰茄红色素，口感偏酸，颜色艳丽，作为食品着色剂具有得天独厚的优势，具有重要的商业价值。因此，本书著者及其研究团队利用玫瑰茄天然红色素以及偏酸口感，开发出玫瑰茄茶饮、甜点、面点、家常菜肴以及玫瑰茄加工产品。这些产品在色、香、味等方面最大限度地保留了玫瑰茄的有效成分和色泽。以玫瑰茄为食材，按照书中的简单步骤，可制作出色泽艳丽的玫瑰茄美食，带给你酸酸甜甜的别样味道。

本书出版得到了国家麻类产业技术体系南宁麻类综合试验站项目的资助，在此表示感谢！

由于著者知识水平有限，书中难免存在一些疏漏或不足之处，敬请广大读者批评指正。

赵艳红

2021年12月于南宁

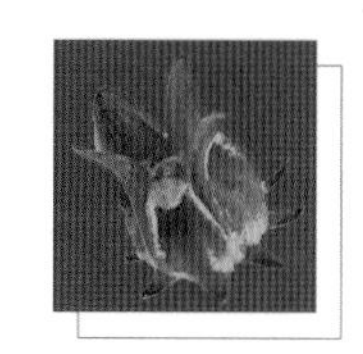

目 录

CONTENTS

Part 2 带你领略玫瑰茄的味道 / 23

Part 1 花样玫瑰茄

- 玫瑰茄生物学特征特性
- 玫瑰茄品种（品系）
- 玫瑰茄栽培技术

玫瑰茄生物学特征特性

玫瑰茄（*Hibiscus sabdariffa* L.）又名洛神花、山茄、红桃K、洛神葵、芙蓉茄，属于锦葵科（Malvaceae）木槿属（*Hibiscus*）一年生草本植物。玫瑰茄为四倍体植物（2*n*=4*x*=72），起源于非洲，栽培区域主要分布在全球的热带和亚热带地区。如苏丹、塞内加尔、坦桑尼亚、埃及、沙特阿拉伯、马里、中国、泰国、西印度群岛、尼日利亚、印度尼西亚、马来西亚、巴西等国家和地区（Morton, 1987；Da-Costa-Rocha et al., 2014）。玫瑰茄喜温暖、畏寒冷、怕旱霜，适宜生长在北纬30°以南、海拔600m以下的丘陵与平地；1910年传入我国台湾，目前广西、广东、福建、云南等省份已有大面积的种植栽培。

玫瑰茄是玫瑰麻的一个变种，玫瑰麻（*Hibiscus sabdariffa* L.）包括纤用玫瑰麻［*H. sabdariffa* var. *altissima*（HSA）］和食用玫瑰麻［*H. sabdariffa* var. *sabdariffa*（HSS）］两个变种（Sharma et al., 2016）。玫瑰茄为食用型玫瑰麻，其典型的形态特征是成熟的花萼呈肉质化。玫瑰茄叶形为裂叶，叶片多为掌状分裂，中央裂片最长，叶缘锯齿；托叶线形，位于叶柄基部两侧；萼片5～7个，正三角形，渐尖，下位合生；副萼片10～14个；萼片背部有一个明显的腺体即花萼腺（粟建光等，1996）；花冠黄色或粉红色，花瓣5个，呈螺旋状，上部分生，下部合生；雄蕊数个，花丝联合与花瓣基部合生，形成雄蕊管，花药肾形；子房上位，通常有5室，多个胚珠位于中轴胎座上，花柱1个，柱头呈头粒状；蒴果卵球形，分成5裂；种子亚肾形，千粒重30～40g。

玫瑰茄具有丰富的营养价值、药用价值和保健功能。玫瑰茄营养丰富，玫瑰茄花萼为肉质结构，多汁，含有丰富的蛋白质、有机酸、维生素C、多种氨基酸、人体所需的铁、钙、磷等矿物质和大量的花青素，总花青素含量为干花萼的1%～2%、柠檬酸和木槿酸等有机酸含量为10%～15%、还原糖含量为16%、蛋白质含量为3.5%～7.9%、其他非含氮物质含量为25%、纤维含量为11%、灰分含量为12%、氨基酸含量约为1%（李泽鸿等，2008）。玫瑰茄药用价值和保健功能显著，玫瑰茄富含花青素（花青素类属黄酮类化合物）、多酚、多糖、黄酮等生物活性成分，具有抗氧化、抗自由基、抗衰老的作用，能预防脑细胞变性，抑制阿尔茨海默病的发生，减少冠心病发生；还能有效治疗各种血液循环失调疾病、发炎性疾病，具有很高的药用价值。在埃及，玫瑰茄花萼被广泛用于治疗心脏和神经系统的疾病；在印度，玫瑰茄花萼可作为利尿、抗维生素C缺乏病等药物；在塞内加尔，玫瑰茄花萼被推荐为杀菌剂、驱肠虫剂和降血压剂（Shahidi, Ho, 2005）；在中国，厦门中药厂生产的玫瑰茄冲剂具有清凉解暑、开胃生津、利尿解毒等功效（曾庭华等，1980）。此外，玫瑰茄花萼中的木槿酸，是治疗心脏病、高血压、动脉硬化等疾病的一种特殊药用成分。

玫瑰茄品种（品系）

玫瑰茄MG1501-1

【品种来源】广西农业科学院经济作物研究所育成，由母本M3、父本M5进行有性杂交，经系谱法选育而成的稳定品系。

【特征特性】该品系为玫红花萼类型，生育期195d，平均鲜果每亩产量1 434.05kg，鲜萼片每亩产量890.86kg，干萼片每亩产量97.47kg。株高195cm，茎粗16.40mm，有效分枝数32个，无效分枝数8个，主茎总叶痕数73.5个，单株果数249个，单株鲜果重1.72kg，单株鲜萼片重1.07kg，单株干萼片重0.12kg，种子千粒重36.7g。茎色红绿镶嵌，花冠淡黄色，叶深绿色、掌状5深裂、裂片披针形，花萼桃形、玫红色，种子亚肾形、褐色。

【适合区域】适于广西、广东、福建、云南、海南等省份栽培。

玫瑰茄MG1502-2

【品种来源】广西农业科学院经济作物研究所育成，由母本M3、父本M10进行有性杂交，经系谱法选育而成的稳定品系。

【特征特性】该品系为紫红花萼类型，生育期170d，平均鲜果每亩产量1 484.08kg，鲜萼片每亩产量808.74kg，干萼片每亩产量95.47kg。株高189cm，茎粗17.93mm，有效分枝数28个，无效分枝数11个，主茎总叶痕数73个，单株果数225个，单株鲜果重1.78kg，单株鲜萼片重0.97kg，单株干萼片重0.11kg，种子千粒重34.5g。茎色紫红色，花冠粉红色，叶深绿色、掌状5浅裂、裂片披针形，花萼杯形、紫红色，种子亚肾形、褐色。

【适合区域】适于广西、广东、福建、云南、海南等省份栽培。

A:350

桂MG1501-12-2

【品种来源】广西农业科学院经济作物研究所育成，由母本M3、父本M5进行有性杂交，经系谱法选育而成的稳定品系。

【特征特性】该品系为深紫花萼类型，生育期188d，平均鲜果每亩产量793.48kg，鲜萼片每亩产量488.66kg，干萼片每亩产量50.91kg。株高169.25cm，茎粗18.40mm，有效分枝数15.5个，无效分枝数21个，主茎总叶痕数74个，单株果数46.25个，单株鲜果重380.75g，单株鲜萼片重234.48g，单株干萼片重24.43g，种子千粒重36.6g。茎色红绿镶嵌，花冠粉红色，叶深绿色、掌状5深裂、裂片披针形，花萼桃形、深紫色，种子亚肾形、褐色。

【适合区域】适于广西、广东、福建、云南、海南等省份栽培。

清影
摇风
壬午
秋月

桂MG1501-16-1

【品种来源】广西农业科学院经济作物研究所育成，由母本M3、父本M5进行有性杂交，经系谱法选育而成的稳定品系。

【特征特性】该品系为深紫花萼类型，生育期172d，平均鲜果每亩产量806.54kg，鲜萼片每亩产量513.01kg，干萼片每亩产量56.86kg。株高156cm，茎粗12.31mm，有效分枝数12个，无效分枝数9.33个，主茎总叶痕数60.33个，单株果数47个，单株鲜果重290.33g，单株鲜萼片重184.67g，单株干萼片重20.47g，种子千粒重37.6g。茎色深紫色，花冠粉红色，叶深绿色、掌状5深裂、裂片披针形，花萼桃形、深紫色，种子亚肾形、褐色。

【适合区域】适于广西、广东、福建、云南、海南等省份栽培。

桂MG1503-4

【品种来源】广西农业科学院经济作物研究所育成，从种质M5变异单株选育而成的稳定品系。

【特征特性】该品系为玫红花萼类型，生育期205d，平均鲜果每亩产量784.71kg，鲜萼片每亩产量486.69kg，干萼片每亩产量65.83kg。株高162.2cm，茎粗14.41mm，有效分枝数9.4个，无效分枝数15.6个，主茎总叶痕数59.4个，单株果数21.2个，单株鲜果重235.4g，单株鲜萼片重146g，单株干萼片重19.75g，种子千粒重36.94g。茎色红色，花冠淡黄色，叶深绿色、掌状5深裂、裂片披针形，花萼桃形、玫红色，种子亚肾形、褐色。

【适合区域】适于广西、广东、福建、云南、海南等省份栽培。

A:350

桂MG1503-8

【品种来源】广西农业科学院经济作物研究所育成，由母本M3、父本M10进行有性杂交，经系谱法选育而成的稳定品系。

【特征特性】该品系为紫红花萼类型，生育期186d，平均鲜果每亩产量820.90kg，鲜萼片每亩产量487.53kg，干萼片每亩产量52.34kg。株高178.5cm，茎粗16.21mm，有效分枝数15.5个，无效分枝数21个，主茎总叶痕数76.5个，单株果数26.5个，单株鲜果重197.0g，单株鲜萼片重117.0g，单株干萼片重12.56g，种子千粒重35.96g。茎色红色，花冠粉红色，叶深绿色、掌状5深裂，裂片披针形，花萼杯形、紫红色，种子亚肾形、褐色。

【适合区域】适于广西、广东、福建、云南、海南等省份栽培。

玫瑰茄栽培技术

玫瑰茄高产栽培技术

- **选地、犁耙及土壤消毒：**选择地力均匀、肥力中等的地块，犁耙后喷施杀菌剂进行土壤消毒。
- **苗床准备与育苗：**4月下旬，将基质与营养土以1 ∶ 1的比例进行装杯，拱棚育苗，每杯留苗2株，当幼苗长至4片真叶时即可带土移栽。
- **整地与基肥：**每亩施入三元复合肥（15-15-15）20kg、有机肥400kg作为基肥，以1m的行距开沟做畦，畦沟深40cm，畦面宽60cm。
- **大田移栽：**当苗长出4 ～ 6片真叶时，选择阴天移栽到大田中，60cm宽的畦面中央种植1行，株距80cm，行距为100cm，每亩种植密度为800 ～ 850株，移苗后要浇足定根水。
- **水肥管理：**整个生长时期根据玫瑰茄的长势进行水肥管理，旺长期及开花、结果期适当追肥，每亩追施三元复合肥（15-15-15）10 ～ 20kg。
- **病虫害防治：**玫瑰茄生长过程中主要病害为白绢病和立枯病。白绢病采用50%多菌灵可湿性粉剂800 ～ 1 000倍液或80%代森锰锌可湿性粉剂1 000 ～ 1 500倍液灌根。立枯病采用50%异菌脲可湿性粉剂2 ～ 4g/m^2，兑水浇泼；或每亩使用80%代森锰锌可湿性粉剂80 ～ 100g兑水喷雾。

- **适时采收及脱核晾晒：**当果核转色时及时剪收鲜果，鲜果剪收后及时脱核，并将果核和花萼分开晾晒，花萼晒干后及时防潮保存。

玫瑰茄一年两熟栽培技术

玫瑰茄一年两熟栽培技术包括春造和秋造栽培技术。

春造玫瑰茄栽培技术

- **制备育苗杯：**采用噁霉灵将营养土消毒后装入育苗容器中备用。
- **育苗：**3月下旬育苗，将育苗容器内的营养土浇透水后再播种玫瑰茄种子，并将育苗容器放置在25 ~ 27℃的人工气候室培养。
- **整地：**深耕犁耙后施入基肥，并以0.8m的行距开沟，最后用噁霉灵喷施整块种植田进行土壤消毒。

- **大田移栽：**当苗长至4片真叶时，选择阴天移栽，移苗时将育苗容器去掉，按株行距0.8m×0.8m的规格带土移栽，移栽后浇足定根水。
- **短日处理：**当玫瑰茄返青且长至5 ~ 6片真叶时，在种植小区上方搭起小拱棚，覆盖黑色薄膜进行遮光处理，使日照时间为10.0 ~ 11.5h，遮光处理20 ~ 25d，直至玫瑰茄现蕾后再揭去黑色薄膜。
- **水肥管理：**根据玫瑰茄的长势进行水肥管理，旺长期及时补充水分至田间土壤相对持水量达70%～80%，若遇暴雨积水，及时排水；苗返青后，每亩追施三元复合肥（15-15-15）10 ~ 20kg。
- **主要病虫害防治：**玫瑰茄生长过程中主要病害为白绢病和立枯病，白绢病采用50%的多菌灵可湿性粉剂800 ~ 1 000倍液或80%的代森锰锌可湿性粉剂

1 000 ～ 1 500倍液灌根；立枯病采用99%的噁霉灵兑水3 000倍灌根，每株200 ～ 400mL，每7d一次，连续3次。

- **采摘与贮藏：** 6月下旬开始采摘第一批鲜果，6 ～ 10d后采摘第二批鲜果；鲜果剪收后及时脱核，并将果核和花萼分开晾晒。

秋造玫瑰茄栽培技术

- **制备育苗杯：** 采用噁霉灵将营养土消毒后装入育苗容器中备用。
- **育苗：** 5月下旬开始育苗，将育苗容器内的营养土浇透水后再播种玫瑰茄种子，并将育苗容器放置在25 ～ 27℃的人工气候室培养。
- **整地：** 深耕犁耙后施入基肥，并以0.8m的行距开沟，最后用噁霉灵喷施整块种植田进行土壤消毒。
- **大田移栽：** 7月初换行定植，夏季种植行和春季种植行错开；选择阴天移栽，移苗时将育苗容器去掉，按株行距0.8m×0.8m的规格带土移栽，移栽后浇足定根水。
- **水肥管理：** 根据玫瑰茄的长势进行水肥管理，旺长期及时补充水分至田间土壤相对持水量达70% ～ 80%，若遇暴雨积水，及时排水；苗返青后，每亩追施三元复合肥（15-15-15）10 ～ 20kg。
- **主要病虫害防治：** 玫瑰茄生长过程中主要病害为白绢病和立枯病，白绢病采用50%的多菌灵可湿性粉剂800 ～ 1 000倍液或80%的代森锰锌可湿性粉剂1 000 ～ 1 500倍液灌根；立枯病采用99%的噁霉灵兑水3 000倍灌根，每株200 ～ 400mL，每7d一次，连续3次。
- **采摘与贮藏：** 10月上旬开始分批采摘鲜果；鲜果采收后及时脱核，并将果核和花萼分开晾晒。一般间隔一周左右采摘一次，根据玫瑰茄的生长情况，采摘4次左右。

采用上述一年两熟的方法栽培玫瑰茄，其鲜果及鲜萼片的产量如表1所示。

表1　一年一熟与一年两熟栽培技术下鲜果与鲜萼片产量对比

单位：kg

产量性状		单株鲜果产量	折合亩产鲜果	单株鲜萼片产量	折合亩产鲜萼片
一年两熟	春造	0.352	366.53	0.235	244.58
	秋造	0.707	736.69	0.483	503.50
	合计	1.059	1 103.22	0.718	748.08
一年一熟		1.043	1 086.81	0.721	751.28

由表1可见，一年两熟鲜果亩产量较一年一熟增产1.50%，而一年两熟鲜萼片亩产量略低于一年一熟。春造玫瑰茄鲜果上市具有价格优势，春季鲜果平均每千克40 ～ 50元，比集中上市时平均价格每千克12 ～ 20元，每千克高出20 ～ 30元，提高了经济效益。因此，一年两熟栽培技术不仅提高土地复种指数，而且提高经济效益。

玫瑰茄一年两收栽培技术

- **制备育苗杯：**采用99%含量的噁霉灵与营养土以1 ： 15 000的比例进行拌土消毒，然后使用容积为200mL的纸杯装土，备用。
- **育苗：**3月25日，将育苗杯浇透底墒水，每个营养杯播种2粒，放置于25 ～ 27℃的人工气候室培养，苗长至4片真叶时，移入大田。
- **整地与施基肥：**深耕犁耙，每亩施入三元复合肥（15-15-15）20kg、有机肥400kg作为基肥，以0.8m的行距开沟，最后每亩用15%水剂的噁霉灵600mL兑水喷施整块种植田，进行土壤消毒。
- **大田移栽：**4月15日移栽，此时苗长至4片真叶，移苗时将纸杯去掉，按0.8m × 0.8m的规格带土移栽，每亩移苗1 042株，移苗后浇足定根水。
- **短日处理：**当玫瑰茄返青且长至5 ～ 6片真叶时，在种植小区上方搭起小拱棚，覆盖黑色薄膜进行遮光处理，使日照时间为11h，即18:30覆盖黑膜，第二天

7:30揭开黑膜，直至玫瑰茄现蕾后才停止。

- **第一次收获：**在5月下旬第一朵花开放时，每亩追施钾肥5kg，30d后采摘第一批鲜果，7d后采摘第二批鲜果，采收两批鲜果后停止采摘完成第一次收获。
- **抹除花蕾：**于7月上旬第一次收获结束后，每亩追施尿素20kg，同时抹除植株上的小花蕾，促使玫瑰茄的生长在外界长日照的环境下发生逆转，重新进入营养生长。

- **水肥管理：** 根据玫瑰茄的长势进行水肥管理，旺长期应及时补充水分至田间土壤相对持水量达70%～80%，若遇暴雨积水，应及时排水；同时根据玫瑰茄长势，每亩追施三元复合肥（15-15-15）10kg。
- **病虫害防治：** 玫瑰茄生长过程中主要病害为白绢病和立枯病。白绢病采用50%的多菌灵可湿性粉剂800倍液灌根；立枯病采用99%的噁霉灵兑水3 000倍灌根，每株200～400mL，每7d一次，连续3次。
- **第二次收获：** 于9月上旬开始开花，10月8日开始分批采摘果实，每隔7d采收一次，采收4次。开花后30d是鲜果的最佳采摘期，为保证萼片的质量和商品性，分批次进行采摘。鲜果采收后及时脱核，并将果核和花萼分开晾晒，花萼晒干后及时防潮保存。

Part 2
带你领略玫瑰茄的味道

- 玫瑰茄茶饮
- 玫瑰茄甜点
- 玫瑰茄面点
- 家常菜肴
- 玫瑰茄产品

玫瑰茄茶饮

玫瑰茄花茶

用料：

玫瑰茄干/鲜花萼 ……………… 2g/1朵

冰糖或蜂蜜 ………………………… 5g

做法：

1. 将玫瑰茄干花萼或玫瑰茄鲜花萼洗净。
2. 温开水300mL冲泡，加入冰糖或蜂蜜，代茶饮。

口感及功效

酸甜可口，有助于降低总胆固醇和甘油三酯。

玫瑰茄陈皮茶

用料：

玫瑰茄干花萼 ………………………… 2g

陈皮 …………………………………… 1g

做法：

1 将玫瑰茄干花萼、陈皮置于茶杯中。

2 热开水300mL冲沏。

口感及功效

酸甜可口，健胃消食。

玫瑰茄菊花茶

用料：

玫瑰茄干花萼 ························ 2g
菊花 ································ 3朵
枸杞 ································ 5粒
胖大海 ······························ 1个
冰糖 ································ 5g

做法：

1. 将所有食材置于茶杯中。
2. 温开水冲泡5 ~ 10min，加入冰糖调味即可。

口感及功效

酸甜可口，清咽利喉、润燥。

玫瑰茄金银花茶

用料：

玫瑰茄干花萼 ·························· 5g
金银花 ································· 5g
冰糖 ··································· 5g

做法：

1 将玫瑰茄干花萼、金银花置于茶杯中，用开水冲沏。

2 加入冰糖调味，待玫瑰茄干花萼泡开即可，代茶饮。

口感及功效

酸甜可口，清肺热、利咽喉。

玫瑰茄枸杞茶

用料：

玫瑰茄鲜花萼 ························· 5g
枸杞 ································· 5g
冰糖 ································· 5g

做法：

1 将玫瑰茄鲜花萼、枸杞洗净后放入茶杯中，加入冰糖。

2 用开水300mL冲沏。

口感及功效

酸甜可口，调节和平衡血脂，滋补肝肾，益精明目。

玫瑰茄凤梨汁

用料：

玫瑰茄鲜花萼 …………………… 250g
凤梨 ……………………………… 500g
白砂糖 …………………………… 适量

做法：

1 将玫瑰茄鲜花萼、凤梨切丁打汁。

2 视个人口味加入适量白砂糖。

口感及功效

酸甜可口，美颜减肥。

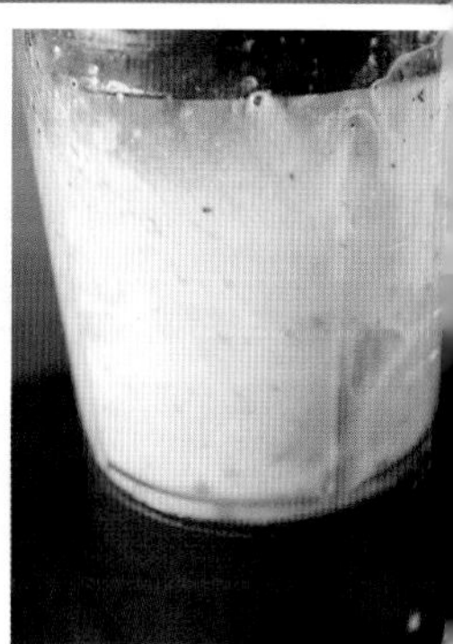

玫瑰茄芒果汁

用料：

玫瑰茄鲜花萼 ························ 250g
芒果 ································ 500g
白砂糖 ······························ 适量

做法：

1 将玫瑰茄鲜花萼、芒果切丁打汁。

2 视个人口味加入适量白砂糖。

口感及功效

酸甜可口，美颜减肥。

玫瑰茄酸梅汤

用料：

玫瑰茄干花萼 ………………… 4朵
乌梅 ………………………… 6颗
山楂 ………………………… 8片
甘草 ………………………… 3片
桑葚 ………………………… 3颗
陈皮 ………………………… 3g
干薄荷 ……………………… 1g
干桂花 ……………………… 1g
黄糖 ………………………… 50g

做法：

1 把玫瑰茄干花萼与乌梅、山楂、甘草、桑葚、陈皮洗净，倒入锅中，加入500mL清水，浸泡30min。

2 大火煮开，调中小火煮25min，放入黄糖再煮5min，最后放入干桂花和干薄荷即可。

3 用漏勺将食材与汤汁分离，冷藏后味道更佳。

口感及功效

酸甜可口，解毒利水，去浮肿，消除疲劳。

玫瑰茄银耳汤

用料：

玫瑰茄干花萼 …………………… 5g
银耳 ……………………………… 15g
莲子 ……………………………… 10g
冰糖 ……………………………… 50g

做法：

1 银耳去除黄色蒂头，用水泡发。

2 将已泡发的银耳剁碎，莲子、玫瑰茄干花萼洗净，备用。

3 将莲子和银耳一起倒入锅中，炖1h。

4 加入玫瑰茄和冰糖，继续炖10min至冰糖溶化。

口感及功效

酸甜可口，滋阴润肺、清热健胃。

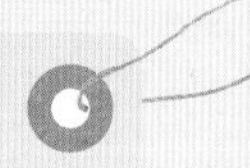

口感及功效

酸甜可口，健胃消食。

玫瑰茄山楂蜜

用料：

玫瑰茄干花萼 ························ 5g

山楂干 ································ 5g

蜂蜜 ·································· 适量

做法：

1 玫瑰茄干花萼、山楂用水煮沸3min。

2 晾凉后调入蜂蜜即得。

玫瑰茄甜点

玫瑰茄蜜饯

用料：

玫瑰茄鲜花萼 ······················ 500g

食盐 ···································· 5g

冰糖 ···································· 200g

做法：

1. 将玫瑰茄鲜花萼洗净，加入食盐5g，腌制30min，沥干水分。
2. 装入密封罐，加入冰糖200g腌制。
3. 冰箱冷藏，腌制7d即可。

口感及功效

酸甜脆爽，健胃消食，减肥、抗衰老。

玫瑰茄果脯

用料：

玫瑰茄鲜花萼 ·················· 500g
白砂糖 ························· 500g

做法：

1 玫瑰茄鲜花萼洗净，控干水分。

2 用手工揉搓挤压玫瑰茄鲜花萼，除去部分水分后晾干。

3 将晾干后的玫瑰茄花萼与白砂糖拌均匀，盛入缸、坛等容器中，再撒上一层白砂糖即可。

口感及功效

酸甜可口，香气优雅迷人，入口甘柔不腻，平衡内分泌，补气血，养颜美容。

玫瑰茄果酱

用料：

玫瑰茄鲜花萼 ······················ 500g

白砂糖 ·································· 625g

食盐 ······································· 5g

做法：

1 将玫瑰茄鲜花萼洗净，控干水分，撒食盐腌制30min。

2 玫瑰茄腌制沥干后，加入白砂糖拌匀，小火煮，直至浓稠状。

3 将玫瑰茄果酱装入果酱瓶，置于冰箱冷藏即可。

口感及功效

酸甜可口，开胃、降血脂、维持肌肤水嫩。

玫瑰茄糕

用料：

玫瑰茄鲜花萼 …………………… 300g
白砂糖 ………………………… 100g
白凉粉 ………………………… 40g

口感及功效

酸甜可口，调节和平衡血脂，促进消化。

做法：

1 利用料理机将玫瑰茄鲜花萼榨成果泥。

2 将玫瑰茄果泥倒入锅中，小火熬成玫瑰茄果酱。

3 将白砂糖、白凉粉加入果酱中继续搅拌，煮至黏稠状后倒入模具，放入冰箱冷藏一晚，取出切成小块即可。

玫瑰茄雪糕

用料：

玫瑰茄鲜花萼 …………………… 100g
牛奶 ……………………………… 500g
白砂糖 …………………………… 50g

做法：

1 玫瑰茄鲜花萼洗净。

2 将玫瑰茄鲜花萼打成汁，倒入牛奶和白砂糖，搅拌均匀。

3 倒入模具，放入冰箱冷冻成型即可。

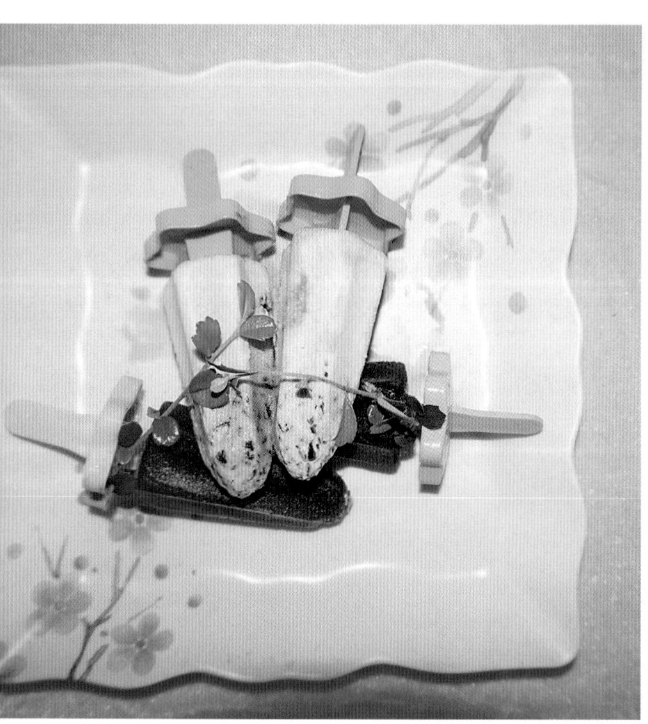

口感及功效

酸甜可口，清凉解暑。

玫瑰茄冰糖葫芦

用料：

玫瑰茄鲜果 ………………… 300g
冰糖 ……………………… 500g

口感及功效

酸甜可口，开胃、养颜、消除疲劳、清热。

做法：

1 玫瑰茄鲜果洗净，用竹签穿成串。

2 冰糖和水以1 ：1（重量比）投入锅中，熬煮至金黄色。

3 将玫瑰茄鲜果串轻轻沾上糖浆，晾凉即可。

玫瑰茄布丁

用料：

玫瑰茄干花萼 ………5朵
水 ……………………175mL
白砂糖 ………………65g
吉利丁片 ……………15g
牛奶 …………………100g

做法：

1 提前用冷水将吉利丁片泡软备用。

2 牛奶加白砂糖入锅，煮至白砂糖溶化后加入吉利丁片搅拌均匀，倒入布丁杯的1/3高度后放冰箱冷藏。

3 将玫瑰茄干花萼用水煮沸2 ~ 3min至颜色加深，加入白砂糖，再煮至糖溶。

4 将泡好的吉利丁片与玫瑰茄水混合均匀。

5 待第一层白色部分完全呈凝固状态后倒入步骤（4）中的玫瑰茄混合液至布丁杯的八分满后，继续放入冰箱冷藏1 ~ 2h即可。

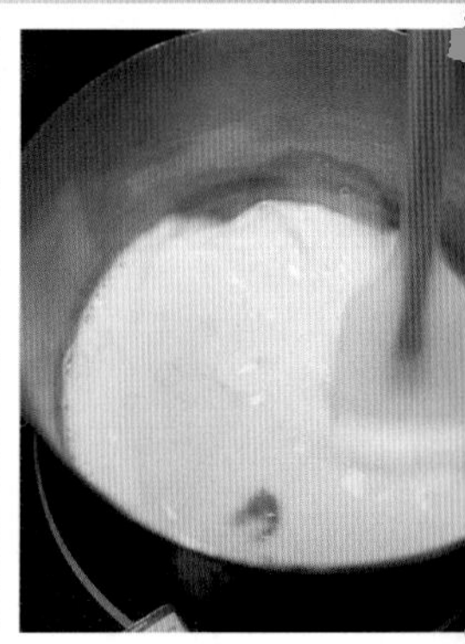

口感及功效

酸甜可口，调节和平衡血脂，增进钙质吸收，促进消化。

玫瑰茄果冻

用料：

玫瑰茄鲜花萼 ························ 50g
白凉粉 ································ 20g
冰糖 ·································· 50g

口感及功效

酸甜可口，清凉降火，生津止渴。

做法：

1 用少量水将玫瑰茄鲜花萼煮开2min后，加入冰糖。

2 将白凉粉用少量冷开水调成糊状，倒入1L沸水中搅拌。

3 将步骤（1）中的红色玫瑰茄液迅速倒入步骤（2）的沸水中搅拌，调成红色的果冻液。

4 果冻液大火煮2～3min后倒入模具，撒些玫瑰茄鲜花萼碎，放入冰箱冷藏凝固即可。

玫瑰茄蛋挞

用料：

玫瑰茄粉 …………… 20g
蛋黄 ………………… 2个
淡奶油 ……………… 100g
牛奶 ………………… 50g
白砂糖 ……………… 20g
蛋挞皮 ……………… 6～8个

做法：

1 将玫瑰茄粉、蛋黄、淡奶油、牛奶、白砂糖倒入盆中搅拌均匀，制成蛋挞液。

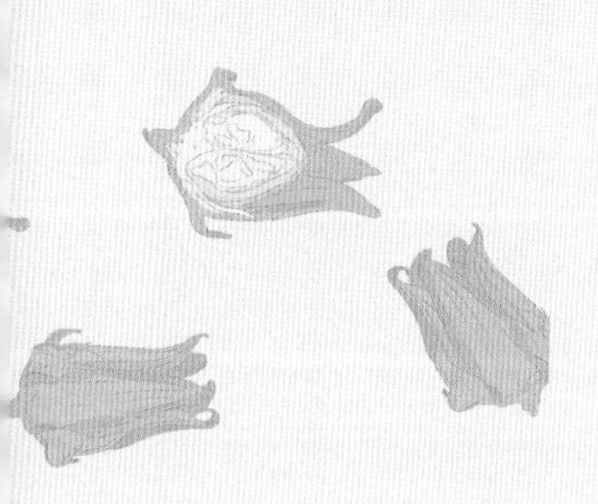

2 将蛋挞液用密筛过滤一遍，去除多余气泡。

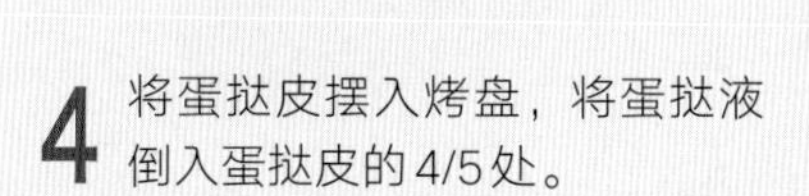

4 将蛋挞皮摆入烤盘，将蛋挞液倒入蛋挞皮的4/5处。

5 烤箱预热至180℃，烤25min至表面凝固即可。

口感及功效

酸甜可口，促进消化，补充蛋白质，提高人体免疫力。

玫瑰茄曲奇

用料：

玫瑰茄粉 ……………………… 10g
低筋面粉 ……………………… 352g
黄油 …………………………… 175g
糖粉 …………………………… 170g
奶粉 …………………………… 5g
调和油 ………………………… 60g
牛奶 …………………………… 90g

做法：

1 使用电动搅拌器将黄油和糖粉打到蓬松顺滑。

2 分多次加入调和油、牛奶打至均匀。

3 筛入低筋面粉、玫瑰茄粉、奶粉。

4 用刮刀拌成团，无颗粒。

5 裱出花型、放入预热至170℃的烤箱，烘烤18min即可。

口感及功效

酸甜酥脆、补充蛋白质。

口感及功效

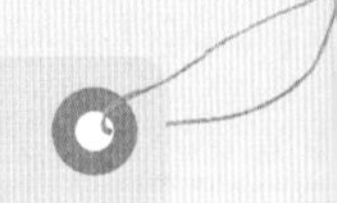

酸甜酥脆，补充蛋白质。

玫瑰茄果酱酥饼

用料：

低筋面粉 …………………………… 150g
黄油 ………………………………… 110g
奶粉 ………………………………… 70g
白砂糖 ……………………………… 30g
鸡蛋 ………………………………… 1个
玫瑰茄果酱 ………………………… 50g

做法：

1 待黄油室温软化后，加入白砂糖拌匀，再用电动搅拌器打发。

2 加入鸡蛋，用电动搅拌器打发至均匀的奶油糊状。

3 将低筋面粉、奶粉一起筛入，用刮刀拌均匀。

4 取约15g面团，揉成圆球状放在烤盘上，用手将面团中心处压成凹状并填上适量玫瑰茄果酱。

5 烤箱预热后，上下火180℃烘烤15min左右，后用余温焖10min左右即可。

玫瑰茄班戟

用料：

玫瑰茄果酱 …… 100g
玫瑰茄粉 …… 10g
鲜忌廉 …… 100mL
糖粉 …… 2茶匙
面粉 …… 50g
牛奶 …… 250mL
黄油 …… 10g
白砂糖 …… 30g
玉米淀粉 …… 30g

做法：

1 将面粉、牛奶、黄油、白砂糖、玉米淀粉、玫瑰茄粉倒入盆中，搅拌均匀至无颗粒，过密筛一遍，制成班戟浆。

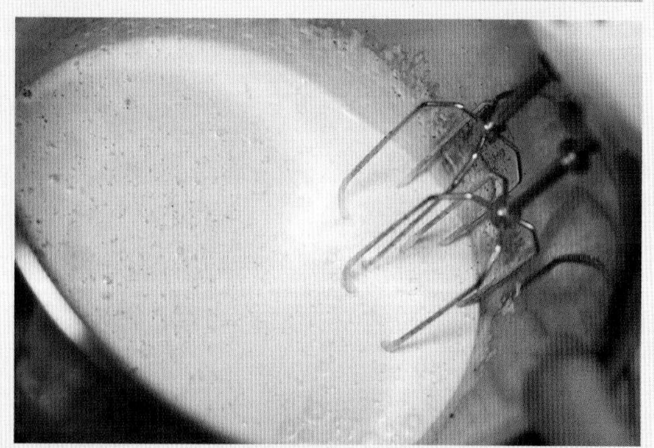

2 用汤勺盛起班戟浆，放入平底锅，将饼皮煎好，晾凉。

3 将鲜忌廉加入2茶匙糖粉，用电动搅拌器打发至发白，放入冰箱冷藏。

4 将一块班戟皮置于干净的桌台上，加上适量的打发鲜忌廉和玫瑰茄果酱，两侧覆入卷起，切件放在碟上。

口感及功效

酸甜可口，补充蛋白质。

玫瑰茄千层蛋糕

材料：

玫瑰茄果酱 …… 200g
鲜忌廉 …… 300mL
糖粉 …… 90g
面粉 …… 200g
鸡蛋 …… 3个
牛奶 …… 500mL
黄油 …… 40g
吉士粉 …… 5g
食盐 …… 2g

做法：

1 将鸡蛋加糖粉打匀后，依次加入牛奶、面粉，继续搅拌均匀，再加入已溶黄油、吉士粉、食盐拌匀，过筛后成千层浆，放冰箱冷藏15min。

2 使用平底锅将千层浆煎成饼皮，放凉待用。

3 将鲜忌廉加入糖粉，用电动搅拌器打发至发白，放入冰箱冷藏。

4 在盘子上放置一片千层皮，抹上一层打发好的鲜忌廉，再盖上一层千层皮，抹上一层玫瑰茄果酱，以此类推，直到最后一层。

5 包上保鲜膜，放入冰箱冷藏30min定型后，取出切块即可。

口感及功效

可口诱人，补充蛋白质。

玫瑰茄沙拉

用料：

玫瑰茄鲜花萼 ······················ 50g
芒果 ······························ 50g
猕猴桃 ···························· 50g
沙拉酱 ···························· 30g

做法：

1 玫瑰茄鲜花萼放锅中煮沸2min，捞出沥干水分，放入碗中。

2 加入芒果丁和猕猴桃丁。

3 放入沙拉酱，搅拌均匀即可。

口感及功效

酸甜可口，开胃。

玫瑰茄面点

玫瑰茄包子

用料：

玫瑰茄粉 ………………………… 25g
中筋面粉 ………………………… 200g
水 ………………………………… 100g
酵母 ……………………………… 2.5g
食盐 ……………………………… 少许
白砂糖 …………………………… 少许
油 ………………………………… 少许
猪肉馅 …………………………… 适量

做法：

1 将酵母、食盐、白砂糖、玫瑰茄粉加至中筋面粉中搅拌均匀，加水和面，表皮抹上油放在温暖湿润处发酵至2倍大。

2 发酵好的面团分小剂子（每剂40g左右），静置15min。

3 把小剂子擀成周边薄、中间略厚的圆片，放入猪肉馅包成提花状，静置15min。

4 冷水上锅，全程大火15min，关火盖闷3min，即食。

口感及营养

鲜香柔软，补充人体热量和蛋白质。

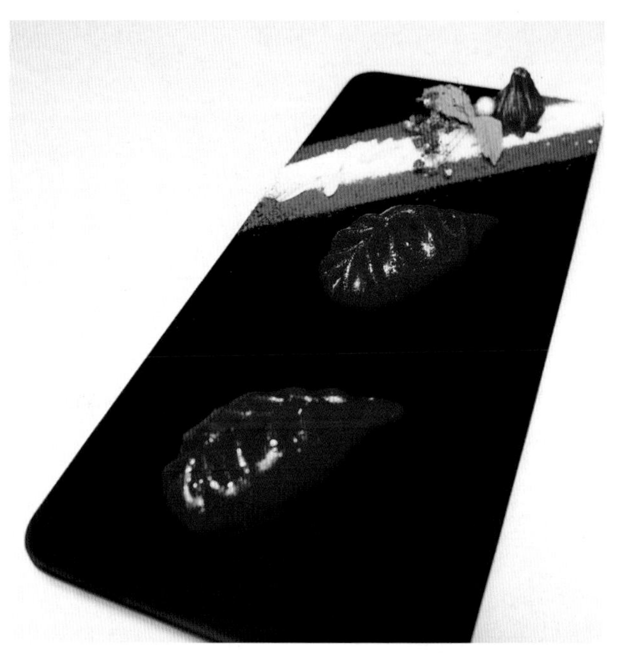

玫瑰茄蒸饺

用料：

玫瑰茄粉 ………………………… 50g
澄面 ……………………………… 300g
食盐 ……………………………… 2g
玉米淀粉 ………………………… 50g
猪肉馅 …………………………… 适量

做法：

1 将玫瑰茄粉与澄面混匀，用烧开的热水烫面，揉至光滑。

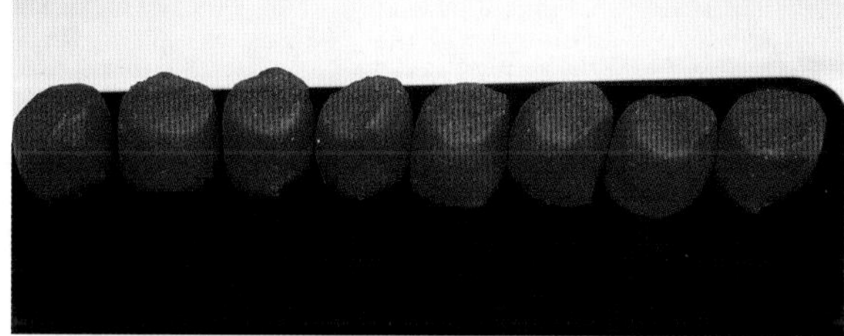

2 取一小块面团，将面团揉搓成长条状，用刀切成大小均匀的剂子，将剂子压扁擀皮。

3 将猪肉馅放入擀好的玫瑰茄饺子皮中包好。

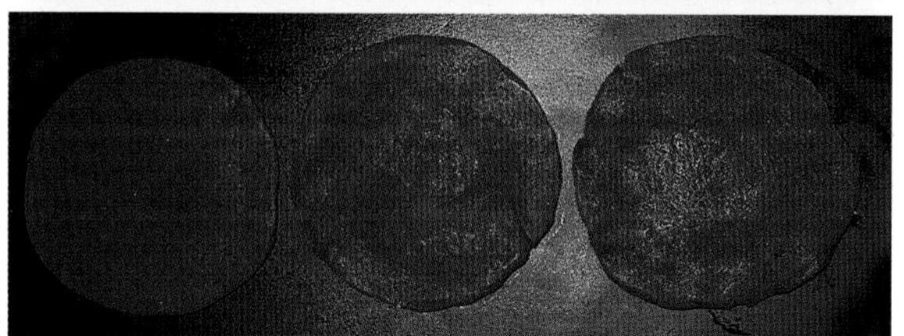

4 待全部包好后放入蒸锅，中大火蒸7min后即可食用。

口感及营养

鲜香柔软，补充人体热量和蛋白质。

玫瑰茄双色馒头

用料：

玫瑰茄粉 ………………………… 25g
中筋面粉 ………………………… 350g
白砂糖 ………………………… 50g
酵母 ……………………………… 5g
温水 …………………………… 80g

做法：

1 中筋面粉、白砂糖各分成两等份，其中一份加入玫瑰茄粉。

2 分别加入酵母，揉成光滑的面团，覆盖保鲜膜发酵至2倍大，再次将面团揉匀排气，松弛5min。

3 双色面团分别切成15g左右的小剂子，擀成圆形薄片，将4 ~ 5张不同颜色的薄片分别贴合在一起卷起，搓成粗细一致的长条，切成等大的剂子整好形，两头可整作鲜花状。

4 蒸锅放水，将馒头胚子放在蒸屉上静置20min二次发酵。

5 二次发酵后，开中到大火蒸制15min关火，焖3 ~ 5min即可。

口感及功效

鲜香柔软，补充人体热量和蛋白质。

口感及功效

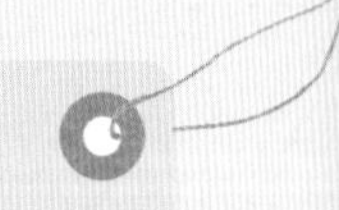

鲜香柔软，补充人体热量和蛋白质。

玫瑰茄泥花卷

用料：

玫瑰茄果酱 …………………………… 50g

中筋面粉 …………………………… 250g

酵母 …………………………………… 2.5g

做法：

1 面粉中加入酵母，用温水和成团，醒发。

2 将面团压扁，擀皮。

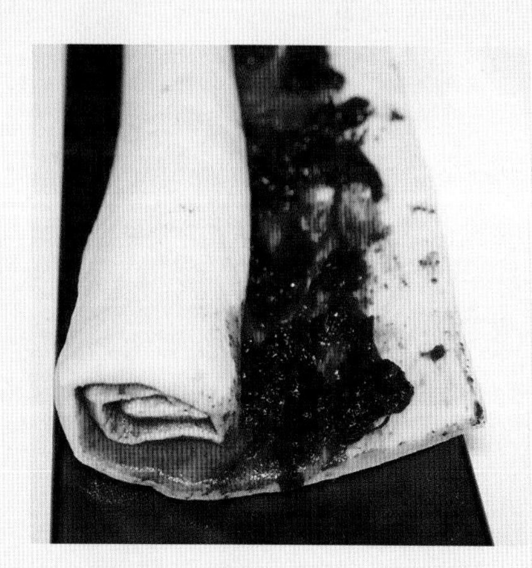

3 涂上玫瑰茄果酱，卷为长条状。

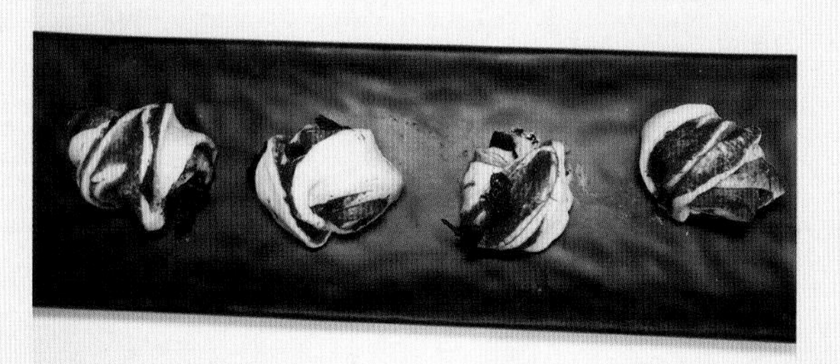

4 切段，对折，反方向拧成花卷，略醒发后上锅蒸熟即可。

玫瑰茄桃花酥

用料：

中筋面粉 ………………………… 250g
低筋面粉 ………………………… 150g
猪油 ……………………………… 100g
水 ………………………………… 125g
玫瑰茄粉 ………………………… 20g
鸡蛋 ……………………………… 1个

做法：

1 将中筋面粉放置在案板上开窝，加入猪油25g、水125g，将水油搅拌至油乳化后，掺入玫瑰茄粉反复揉搓成水油酥面。

2 将低筋面粉、猪油75g混合，用手掌反复推擦至不粘手，制成干油酥面。

3 将水油酥面和干油酥面分别揪成20g左右的剂子，把干油酥面包入水油酥面中，擀开后卷起来，再重复一次，擀成圆形包馅收口。

4 将收口朝下，搓成圆形，再压成1cm厚的圆形，围着中心在上面竖切十刀，不要把剂子切断，将切好的边把里面的馅心向上旋转。

5 在生坯中间表面刷蛋黄液，放入上火200℃、下火190℃的烤箱中，烘烤8min后取出即可。

口感及功效

酸甜酥脆，补充人体热量和蛋白质。

家常菜肴

玫瑰茄酿

用料：

玫瑰茄鲜花萼	20朵
五花肉	100g
食盐	2g
酱油	5g
料酒	5g
生粉	5g
胡椒粉	1g
葱白	10g
姜末	5g
食用油	适量

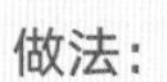

做法：

1 玫瑰茄鲜花萼洗净待用。

2 五花肉剁成肉泥装碗，分别加入食盐、酱油、料酒、生粉、胡椒粉、葱白、姜末，搅拌均匀待用。

3 将肉馅填充至玫瑰茄鲜花萼中装盘。

4 放入蒸锅，蒸10min。

5 热锅下油，小火爆香生姜、大蒜、葱末，加少许生粉和酱油快速拌匀，淋在玫瑰茄酿上。

口感营养

鲜香可口，补充蛋白质。

玫瑰茄酸甜排骨

用料：

玫瑰茄干花萼	30g	胡椒粉	3g
猪排骨	300g	白砂糖	10g
食盐	5g	料酒	10g
味精	4g	姜	10g
鸡精	4g	葱	10g

做法：

1 排骨斩件，入沸水中汆烫或煎至两面焦黄，加入水、料酒没过排骨。

2 加入食盐、白砂糖、味精、鸡精、胡椒粉、姜、葱、玫瑰茄干花萼，与排骨在一起煲煮40min。

口感及功效

酸甜鲜香，提供蛋白质、脂肪。

玫瑰茄排骨汤

用料：

玫瑰茄干花萼 …………………… 10g
猪排骨 ………………………… 250g
葱 …………………………… 适量
姜 …………………………… 20g
料酒 ………………………… 10g
食盐 ………………………… 适量
水 ………………………… 800mL

做法：

1 玫瑰茄干花萼、猪排骨洗净、焯水待用。

2 锅中放入玫瑰茄干花萼、排骨、料酒、葱、姜、食盐，加水煲煮3h。

口感及功效

鲜香可口，补充蛋白质。

玫瑰茄糖醋鱼

用料：

玫瑰茄果酱	120g	姜	5g
鲈鱼	500g	葱	10g
米酒	2茶匙	生粉	50g
高汤	1茶匙	面粉	50g
白砂糖	60g	水	60g
食盐	2g		

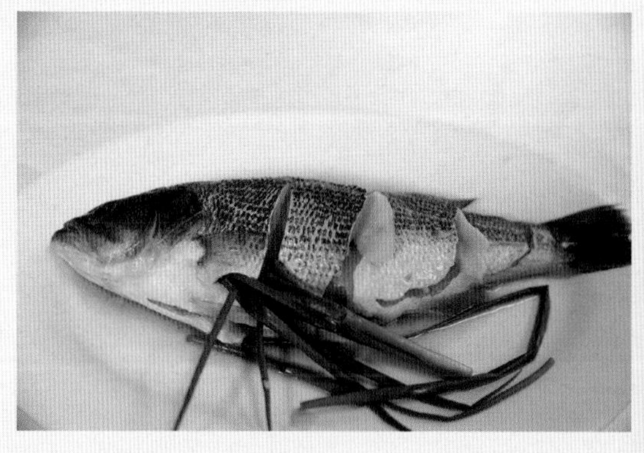

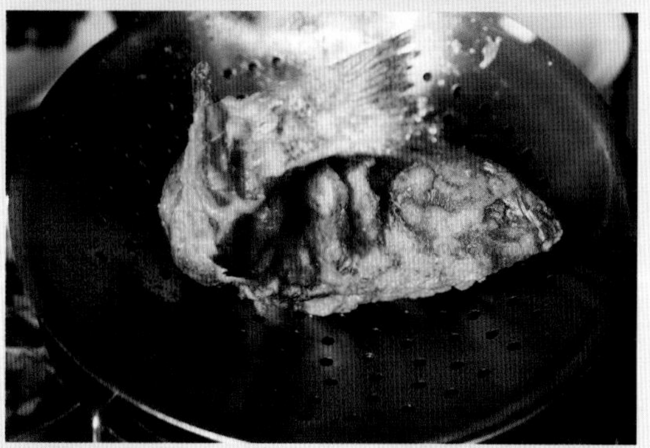

做法：

1. 鲈鱼洗净，加入米酒、葱、姜，腌制30min。

2. 玫瑰茄果酱、白砂糖、食盐、高汤混合搅拌均匀备用。

3. 用生粉、面粉加水，调制成浓稠的面糊。

4. 将腌制好的鲈鱼挂上面糊，放入180℃的热油中，炸至两面呈金黄，捞出备用。

5. 热锅倒入调配好的玫瑰茄酱汁烧热，浇至鲈鱼上即可。

口感及功效

酸甜可口，解腻去油，降血压。

玫瑰茄猪脚

用料：

玫瑰茄干花萼 ………… 3朵
玫瑰茄果酱 …………… 50g
猪脚 ……………………200g
白砂糖 ………………… 25g
食盐 ………………………2g
姜 ………………………… 10g
葱 ………………………… 10g
料酒 ……………………… 20g

做法：

1 猪脚斩件，放入锅中煎至两面焦黄。

2 加水没过猪脚，再加入玫瑰茄果酱、白砂糖、食盐、姜、葱、料酒、玫瑰茄干花萼。

3 转入高压锅焖15min，再倒回炒锅中收汁即可。

口感及功效

酸甜爽口，补充蛋白质，抗衰老。

口感及功效

酸甜可口，解腻去油，降血压。

玫瑰茄炒五花肉

用料：

玫瑰茄果酱 ………………… 20g
玫瑰茄鲜花萼 ……………… 30g
五花肉 ……………………100g
酱油 ……………………… 20g
蚝油 …………………………5g
食盐 …………………………2g
白砂糖 ………………………5g
葱 ………………………… 10g
姜 ………………………… 10g
蒜 ………………………… 10g

做法：

1 五花肉切片，放入热锅煎至肉片呈金黄，捞出备用。

2 热锅爆香葱、姜、蒜，加入煎好的五花肉，再加入食盐、玫瑰茄果酱、酱油、蚝油、白砂糖、玫瑰茄鲜花萼，翻炒均匀即可。

玫瑰茄无花果香米粥

用料：

玫瑰茄干花萼 ………………… 3朵

无花果 ……………………… 6个

香米 ……………………… 100g

做法：

1 香米和无花果洗净，加水放入电饭煲里。

2 熬煮约30min后，放入洗净的玫瑰茄干花萼，继续熬煮10min。

3 将粥盛入碗，将无花果放入玫瑰茄花萼中间。

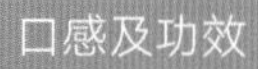

酸甜可口，健脾益气。

玫瑰茄酸红姜

用料：

玫瑰茄干花萼	10g
新鲜姜仔	500g
冰糖	50g
米醋	500mL
食盐	5g

做法：

1. 姜仔洗净，加入食盐，腌制20min，挤掉水分，备用。
2. 将姜仔放入瓶中，加入米醋、冰糖、玫瑰茄干花萼。
3. 待冰糖溶化后，放入冰箱冷藏，隔天即可食用。

口感及功效

酸甜可口，美颜、抗氧化，补充维生素。

玫瑰茄产品

玫瑰茄果酒

用料：

玫瑰茄鲜花萼 ························ 500g
50° 白酒 ························· 2 500mL
冰糖 ································ 500g

做法：

1 玫瑰茄鲜花萼洗净，晾干水分。

2 将玫瑰茄鲜花萼、冰糖、白酒依次加入大玻璃罐。

3 将玻璃罐密封放在阴凉处，3个月后即可饮用。

口感及功效

醇香，利尿、降血压、补血，养颜美容。

玫瑰茄

玫瑰茄醋

用料：

玫瑰茄鲜花萼 ························ 500g

醋 ································ 500mL

白砂糖 ······························ 50g

做法：

1 玫瑰茄鲜花萼洗净，晾干备用。

2 容器底部先放白砂糖，然后一层玫瑰茄鲜花萼一层白砂糖铺放数层。

3 将醋倒入瓶中至瓶口位置，留少许空间，加盖密封。

4 常温放置5 ~ 7d，取少许醋兑水即可饮用。

口感及功效

酸甜可口，软化血管。

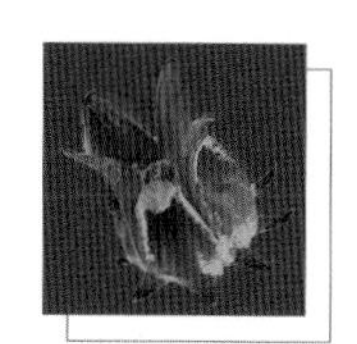

参考文献

REFERENCES

李泽鸿，邓林，刘树英，刘洪章，2008. 玫瑰茄中营养元素的分析研究[J]. 中国野生植物资源，27(1): 61-62.

粟建光，邓丽卿，1996. 木槿属植物种的形态分类学研究[J]. 中国麻作，18(2): 18-20.

曾庭华，徐雄，卓仁松，1980. 玫瑰茄的化学成分及其利用(综述)[J]. 亚热带植物通讯(1): 8-18.

Da-Costa-Rocha I, Bonnlaender B, Sievers H, Pischel I, Heinrich M, 2014. *Hibiscus sabdariffa* L.– A phytochemical and pharmacological review[J]. Food Chemistry, 165, 424-443.

Sharma H K, Sarkar M, Choudhary S B, Kumar A A, Maruthi R T, Mitra J, Karmakar P G, 2016. Diversity analysis based on agro-morphological traits and microsatellite based markers in global germplasm collections of roselle (*Hibiscus sabdariffa* L.)[J]. Industrial Crops and Products, 89 :303–315.

Morton J F, 1987. Roselle—*Hibiscus sabdariffa* L. [M]//Fruits of Warm Climates. Web Publications Purdue University, Miami, F L: 281-286.

Shahidi F, Ho C T, 2005. Phenolic compounds in foods and natural health products[J]. Washington D C: American Chemical Society: 114-142.

图书在版编目（CIP）数据

花样玫瑰茄：带你领略玫瑰茄的味道/赵艳红等著. —北京：中国农业出版社，2022.6
ISBN 978-7-109-29469-1

Ⅰ.①花… Ⅱ.①赵… Ⅲ.①玫瑰茄–栽培技术 Ⅳ.①S571.9

中国版本图书馆CIP数据核字（2022）第091754号

花样玫瑰茄：带你领略玫瑰茄的味道
HUAYANG MEIGUIQIE: DAI NI LINGLÜE MEIGUIQIE DE WEIDAO

中国农业出版社出版
地址：北京市朝阳区麦子店街18号楼
邮编：100125
责任编辑：孙鸣凤
版式设计：杜 然　　责任校对：沙凯霖
印刷：北京中科印刷有限公司
版次：2022年6月第1版
印次：2022年6月北京第1次印刷
发行：新华书店北京发行所
开本：889mm × 1194mm 1/24
印张：4
字数：100千字
定价：69.00元